領 巾
長披肩・圍巾

可凸顯「自己個性」的圍法・結法

Scarf Stole Muffler

結法指導／造型師
高田 惠美

鴻儒堂出版社

目　錄

GIVENCHY

GIVENCHY

序言

　　在絲絹上印有美麗圖案的領巾，其本身已很有魅力，但裝飾在身上將使女性展現更美麗高雅。

　　領巾的魅力在於顏色、圖案和結法，他可輕易自如地改變成為中性化、女性化、俏麗化等不同的表情。只是一件洋裝即能產生２種、３種不同穿著款式出來，你是否感覺到此件衣服已褪時？只要搭配一條領巾即可轉變為「時髦」之洋裝！當天氣稍有涼意時，還可把領巾打在領口處藉以保暖，他還可當成髮飾或腰飾帶等各種不同之用途，就看你如何發揮創意和巧思，請在每日的化妝台上採用領巾試試看。

　　本書將介紹很多種日常使用的領巾結法，並以領口部分作為裝飾之重點，從領子稍為露出一些領巾，或打成蝴蝶結，或將顏色和圖案大膽地凸顯出來等的裝飾應用方法，讓各位讀者在匆忙的早晨能簡單又迅速地打好領巾，漂亮地出門。

　　此外為求方便起見，本書將區分為開襟式、無領式兩種來介紹，在開襟式的洋裝方面採用裝飾領子的方法，而在無領式的洋裝方面，以打結作為大膽裝飾的方法，此兩種方式若可自由運用則樂趣無窮。

優美的領巾世界

領巾的歷史

「將布裹在身上」的這個動作本身，對於在寒冷地方的人們而言當作禦寒之手段，至於在沙漠地區的人們則是為了防止被強烈的直射日光曬傷所致，這是自古以來人類從自身的經驗中所學會的智慧。

起先只是將寬寬大大的方塊布圍在頭部和頸部而已，它意味著是覆蓋在身體當成衣服之意較重。根據記載在2世紀的羅馬士兵為了防寒之用，在頸部圍上純毛料的布，這證明領巾的歷史有多悠久。

至於領巾（Scarf）這個名詞是在16世紀英國伊利沙白女王時代才第一次被使用，當時在貴族的女仕們之間為了防止日曬，使用有飾穗的方塊布來覆蓋臉部而流行一時。

後來被稱為「太陽王」，非常著名的法國國王路易14為了要裝飾頸部，而採取了在頸部圍上絲絹布的方式，自此在宮廷的男性貴族之間也蔚成流行。據說那即是領巾和領帶之起源。

至於女性使用領巾作為衣服的裝飾物比起男性稍晚些，那是遲至18世紀之事了。到了法國革命時代，人們使用長方形的領巾作為肩飾，將高貴的女性展現的更優美典雅。

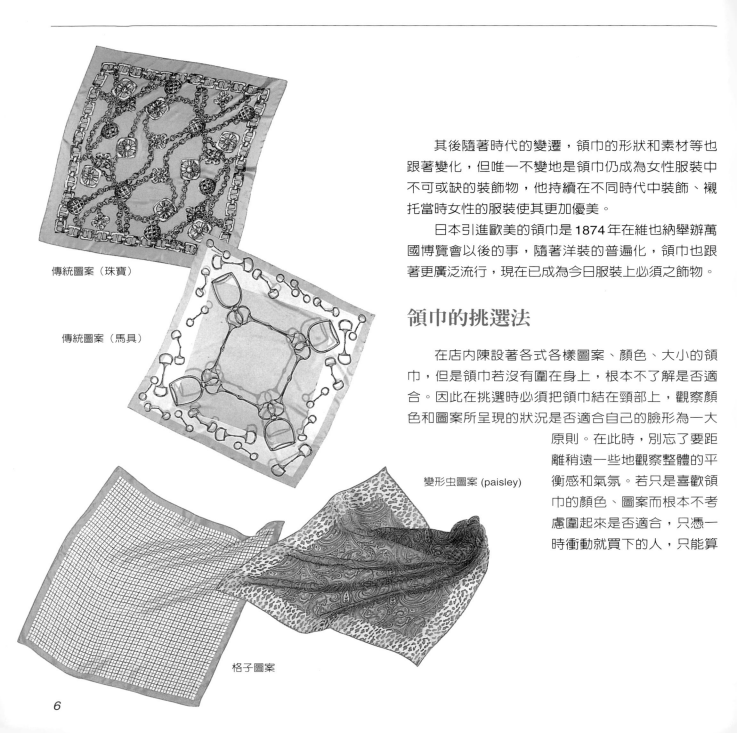

傳統圖案（珠寶）

傳統圖案（馬具）

變形虫圖案 (paisley)

格子圖案

其後隨著時代的變遷，領巾的形狀和素材等也跟著變化，但唯一不變地是領巾仍成為女性服裝中不可或缺的裝飾物，他持續在不同時代中裝飾、襯托當時女性的服裝使其更加優美。

日本引進歐美的領巾是 1874 年在維也納舉辦萬國博覽會以後的事，隨著洋裝的普遍化，領巾也跟著更廣泛流行，現在已成為今日服裝上必須之飾物。

領巾的挑選法

在店內陳設著各式各樣圖案、顏色、大小的領巾，但是領巾若沒有圍在身上，根本不了解是否適合。因此在挑選時必須把領巾結在頸部上，觀察顏色和圖案所呈現的狀況是否適合自己的臉形為一大原則。在此時，別忘了要距離稍遠一些地觀察整體的平衡感和氣氛。若只是喜歡領巾的顏色、圖案而根本不考慮圍起來是否適合，只憑一時衝動就買下的人，只能算

是衝動型的買者。

● 領巾的圖案

　　雖然領巾也有素色的，但多半是有著各式各樣的圖案。而最具代表性圖案的是花紋圖案、圓點圖案、條紋圖案、格子圖案、把四方形或三角形加以組合排列而成的幾何形圖案、變形蟲圖案等，還有以馬具和帶狀物、珠寶等為主題之傳統圖案，也有一整張領巾成為一張地圖或風景畫般，令人有意想不到之樂趣。

　　在正方形的領巾中，有不少是加上素色的邊框型，然後將圖案分散於全體領巾上，這時把邊框型的領巾露出於外衣上面時，邊框的顏色會成為焦點色等，如此一條領巾會有2種樂趣為其特徵。反之，如

果焦點色太過搶眼時會變成缺點要注意。此外對於圖案的配置方法，有時以在中央為重點，有時則在四角為重點等種類繁多。

　　至於要以甚麼方式圍起？或哪一部位在上方？所顯現出的圖案和顏色則大異其趣，只是一塊布即可享受好幾種不同變化之樂趣，這是領巾的最大魅力所在。

● 領巾的形狀和大小

　　領巾的形狀可粗分為正方形和長方形兩種，除了把正方形的領巾折成細長的長方形來使用之外，基本上以折成斜折式或折成長方形，利用其長度來加以變化。

　　正方形領巾以 88 cm × 88 cm 的尺寸為主，以此大小來對應各種結法是最具有實用性的尺寸。

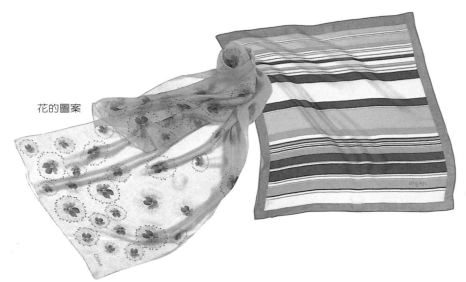

花的圖案

條紋花樣

除此之外，還有隨手可圍上的小領巾，也有150 cm的大型領巾等各式各樣的類型。此種大型領巾還可當作長披肩來使用。

長方形領巾可結成各種結法，因此非常方便好用，長度以140 cm × 160 cm等為主。

對於第一次購買的人而言，挑選88 cm × 88 cm尺寸的領巾較合宜，此外還可再挑選長方形、小領巾等

將更為齊全。

● 領巾的材質和織法

領巾的材質雖然有很多種，但它是以絲織品為主，還有毛料、棉、麻等的天然材質，或以聚酯等的化學纖維和絲等的混紡。

至於材質的織法如右圖表示有各種的織法，其中最普遍的織法是具有光澤，被稱為斜紋織法的模式。

在購買時，以此斜紋織法的領巾為基本，再加上較薄的雪紡紗等，就可搭配季節、場合及衣服之款式。

此外如照片中經打摺加工過的領巾，也別出心裁地可展現出特殊的風味。

資料提供：川邊公司

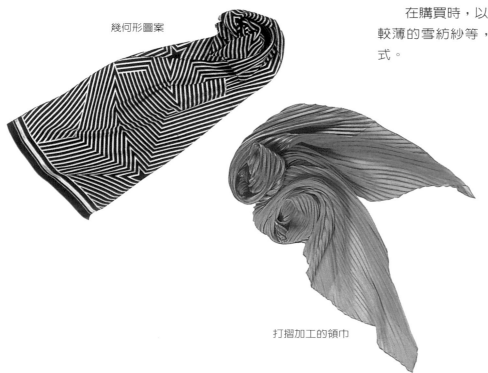

幾何形圖案

打摺加工的領巾

○領巾的一般尺寸

形狀	尺寸
正方形	53 cm × 53 cm
	58 cm × 58 cm
	67 cm × 67 cm
	78 cm × 78 cm
	88 cm × 88 cm
長方形	17 cm～40 cm × 140 cm
	20 cm～53 cm × 160 cm

本圖表是本書中所介紹之尺寸，購買時請在店內再次確認為宜。

○材質的特徵

材質	特徵
絲質	• 不限定裝飾身體的部位 • 用途廣泛 • 從厚又有光澤到薄又透明之材質均有，種類繁多。
毛料	• 可享受絲織品所沒有之密實感。 • 適合防寒之用。 • 大型的可當作長披肩或披風。
棉質	• 運動時也可當吸汗之用。

○主要的織法

名　稱	特　徵	材　質	用　途
斜紋織法 (twill weave)	呈現出如波浪狀的斜紋，具有光澤、柔軟且有彈性，易於打結。	絲質、化學纖維	領巾
緞紋織法 (satin weave)	若和斜紋織法相比的話，其斜紋不太明顯是很平滑又有光澤之織法。	絲質、化學纖維	領巾
平針織法 (plain stitch)	以一條縱線和一條橫線交錯組合為其基本織法，由於材質和絲線之粗細、密度等的變化，其風格也大異其趣。	絲質、化學纖維、棉質、毛料	領巾 圍巾 長披肩
雪紡紗 　(chiffon)	薄而有透明感，其摺縐等非常美麗，給人優雅典麗之印象。	絲質、化學纖維	領巾
雙縐紗 　(cre'pe 　de chine)	又稱為法國縮縐，表面有細微的縮縐。	絲質、化學纖維	領巾
上等細布 　(lawn)	薄的棉質具有透明感。	棉質	領巾
喬其紗 (georgette crepe)	薄的織品具有透明感，縱橫兩方均為縮縐。	絲質、化學纖維	領巾
提花織法 (Jacquard)	使用機器自動織出花、鳥等大型圖案	絲質、化學纖維、毛料等	長披肩

基 本 的 折 法

基本折法是非常重要的，只要學會基本折法，既不容易變形又可打出美麗的花樣，
再加上自己的創意和巧思就可隨心所欲地變化造型。

斜折法

②把另一角也折到
中心點。

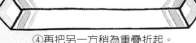

④再把另一方稍為重疊折起。
配合領巾的尺寸和頸部的粗
細而改變折疊之幅度。

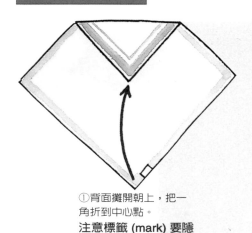

①背面攤開朝上，把一
角折到中心點。
**注意標籤 (mark) 要隱
藏起來。**

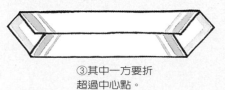

③其中一方要折
超過中心點。

百摺折法

①表面攤開朝上，把一
端折5cm寬的幅度。

②反覆重疊對折於最
初之折幅。

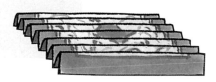

③一直折到最後，成為百摺
狀。
**因為百摺很容易變形，所
以在要圍到頸部之前，在
領巾兩端用衣夾固定著。**

10

基 本 的 折 法

三角折法

①背面朝上，
以對角線為中
心對折。

②角和角要對齊重疊。
在折之前要考慮所呈
現出的顏色和圖案為
何。

均等折法（對折）

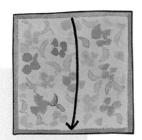

①背面朝上，縱向對折。

②四個角均要對齊重疊。

均等折法（3折）

①背面朝上，縱向折 1/3。

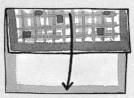

②縱向再對折。

均等折法（4折）

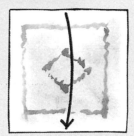

①背面朝上，縱向對折。

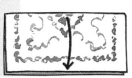

②接著再縱向對折。

③注意避免變形。

③配合領巾的尺寸和頸
部的粗細，斟酌折疊之
次數。

11

基 本 的 折 法

領巾的另一大魅力是加上構想和巧思，即可自由地加以變化，從中享受創意之樂，
但必須先掌握基本的重點。

常使用的結法 雖然領巾打得非常漂亮，但如果鬆開或變形就功虧一簣。因此必須學習使領巾打結之末端能
固定之基本打結方式，採用此方式，不僅可固定，還可打成漂亮又俐落之領結。

葉片結 (leaf knot)

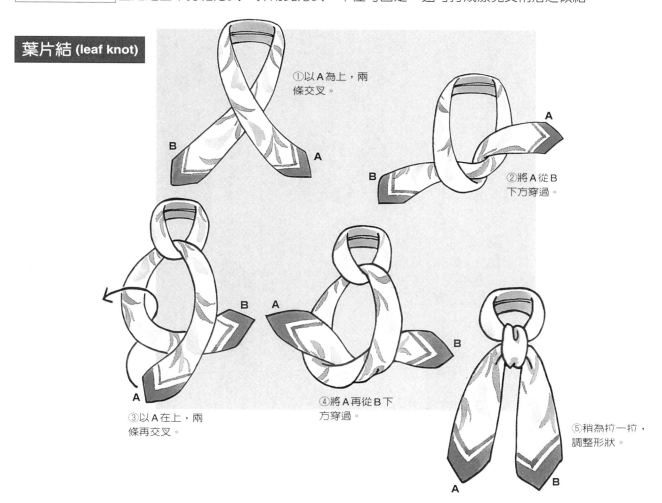

①以A為上，兩
條交叉。

②將A從B
下方穿過。

③以A在上，兩
條再交叉。

④將A再從B下
方穿過。

⑤稍為拉一拉，
調整形狀。

基本的折法

玉結（死結）

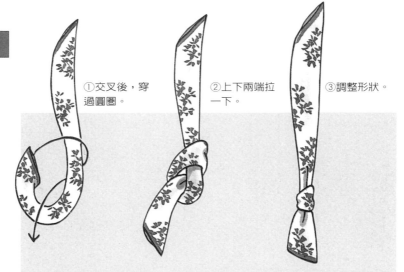

①交叉後，穿過圓圈。

②上下兩端拉一下。

③調整形狀。

蝴蝶結

傳統的蝴蝶結並不難打，但若穿法錯誤，蝴蝶結就不美麗。為了避免變形且打出俐落又美麗之蝴蝶結，必須學會正確之結法。

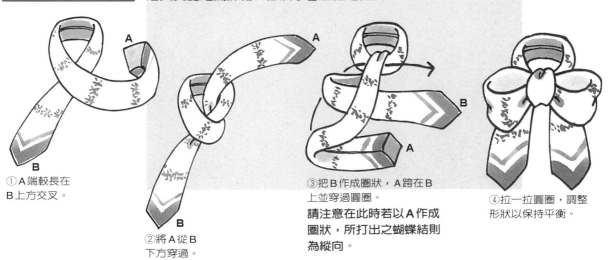

①A端較長在B上方交叉。

②將A從B下方穿過。

③把B作成圈狀，A跨在B上並穿過圓圈。
請注意在此時若以A作成圈狀，所打出之蝴蝶結則為縱向。

④拉一拉圓圈，調整形狀以保持平衡。

只要有領巾即可使你家的衣櫥增色不少

基本上，所要搭配的領巾在於上衣的款式（有領和無領）而各不相同。當外套有領子且又穿襯衫時，必須打成能使領子更加優美的結法，若為無領之毛線衣或套裝時，則可打成將份量增加之大膽的結法。當然，依靠著領巾的圖案、顏色、素材即可變化各種風情。因此只要增加一條領巾即可使你的衣櫥增色不少。

花式百摺法 (照片左)

把領巾打成百摺法而圍在頸部,可使傳統式外套更增風華。

①先折百摺法,然後配合開襟的幅度把兩條交叉。

②重疊的部分用橡皮筋固定。

③調整百摺之平衡感。

建議

若使用硬質的領巾材質將可打得更美麗。

領巾的尺寸:**88** cm × **88** cm / 領巾的材質:絲質

圈結法 (照片右)

圈結法是大膽而有效果可突顯圖案主題之領巾結法。給人自信又活潑之印象…。

①先從斜折法開始,將一端作成玉結(死結)。

②將另一端穿過玉結的圓圈。

③拉一拉剛穿過之那一端,調整打結處

建議

使用稍硬的材質可打得很俐落。但使用柔軟材質時會展現出飄逸感。

領巾的尺寸:**78** cm × **78** cm / 領巾的材質:絲質

麻花闊領結 (twist choker)

在傳統白色的開襟襯衫，使用領巾稍為作焦點裝飾。此時不受限於顏色或圖案均可使用為其特徵。

①先從斜折法開始，然後左右均等地圍在頸部，在胸前交叉兩次。

②把兩端繞到背後打結。

③調整形狀。

 建議

使用雙縐紗等較硬的材質為宜。

領巾的尺寸：**88 cm** × **88 cm**
／領巾的材質：絲質雙縐紗

時髦的蝴蝶結

此為雙重蝴蝶結的結法。可呈現出半大不小的女性之可愛及端莊大方的形象。

①先從斜折法開始，兩端交叉打結其長短之比例為2：1。

②在長的一端的斜折部分，拉開折成兩折成為菱形。

③短的一端在打結上方做成圈狀，再反折穿過打結處。

④拉一拉結的部分，調整形狀、

建議

由拉開菱形的幅度大小來決定整體之份量感。

領巾的尺寸：**88 cm** × **88 cm**
／領巾的材質：絲質斜紋

雙蟬形闊領結

此一雙蟬形闊領結可使不易成型的
長領巾,輕鬆打成俐落的結,他既
不會太複雜,也不會妨礙行動,非
常適合辦公室的打扮。

①把寬幅折3
折,較長的一
端在頸部後方
交叉,然後拉
到前面。

②把長的一端對
折,從短方下方
穿過圓圈再拉到
前方來。

③調整形狀。

建議

由於領巾的長度和材質的不同,其呈
現出的風情也跟著改變。

領巾的尺寸:**40** cm × **140** cm
/領巾的材質:絲質斜紋

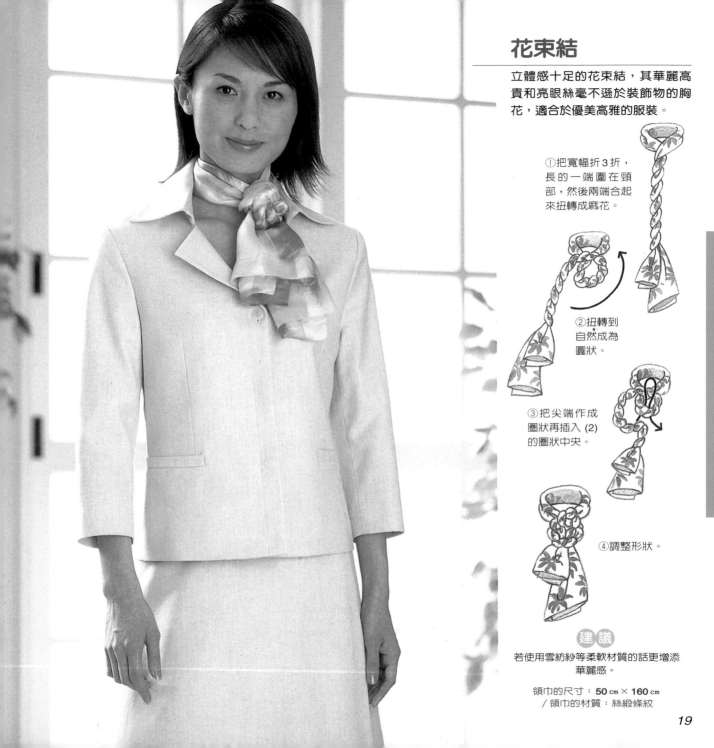

花束結

立體感十足的花束結,其華麗高貴和亮眼絲毫不遜於裝飾物的胸花,適合於優美高雅的服裝。

①把寬幅折3折,長的一端圍在頸部,然後兩端合起來扭轉成麻花。

②扭轉到自然成為圓狀。

③把尖端作成圈狀再插入(2)的圈狀中央。

④調整形狀。

建議

若使用雪紡紗等柔軟材質的話更增添華麗感。

領巾的尺寸:**50** cm × **160** cm
／領巾的材質:絲緞條紋

領帶結 (照片左)

給人非常知性又中性化印象的
領帶結，最適合於襯衫領。由
於領巾的光澤感更增添女性的
優雅柔美。

①先從斜折法開
始，把長的一端
圍在頸部並圈住
短方，此時長短
的比例為2：1。

②長方從短
方下面穿到
上面來。

③長方由上面穿
過打結的部分。

④拉拉短方，
調整形狀。

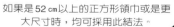

如果是52 cm以上的正方形領巾或是更
大尺寸時，均可採用此結法。

領巾的尺寸：**88 cm** × **88 cm**
／領巾的材質：絲緞條紋提花

蝴蝶結（照片右）

此一蝴蝶結可呈現出有品味的領子，他是傳統式的結法給人很端莊的印象，不但適合於辦公室的打扮，也適合於正式場合之用。

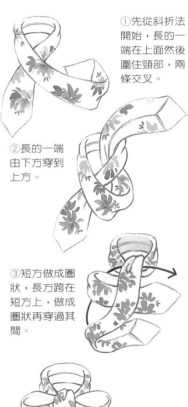

①先從斜折法開始，長的一端在上面然後圍住頸部，兩條交叉。

②長的一端由下方穿到上方。

③短方做成圈狀，長方跨在短方上，做成圈狀再穿過其間。

④均勻拉開並調整形狀。

建議

中央的打結處要做得很優美。

領巾的尺寸：**88 cm × 88 cm**
／領巾的材質：絲質縫式提花

三角折法

將小領巾折成三角形綁在頸後，這是十分簡單的結法，非常適合於想表現出活潑開朗的氣氛時使用。

①從三角形折法開始，稍為保留一些下垂感，並使三角形的頂端在正面。

②在頸後打結。

小領巾很容易操作，非常適合於此結法。

領巾的尺寸：**53 cm × 53 cm**
／領巾的材質：絲質斜紋

雙蟬形闊領結

此雙蟬形闊領結法是穿襯衫領時的傳統結法，從領口間露出一點重點裝飾，可產生出精明幹練的成熟女性風味。由於塞入襯衫內，並不礙事，所以長時間也不會變形。

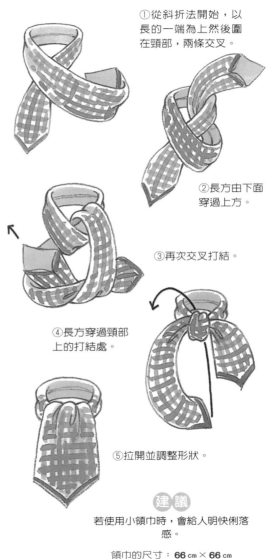

①從斜折法開始，以長的一端為上然後圍在頸部，兩條交叉。

②長方由下面穿過上方。

③再次交叉打結。

④長方穿過頸部上的打結處。

⑤拉開並調整形狀。

建議

若使用小領巾時，會給人明快俐落感。

領巾的尺寸：**66 cm** × **66 cm**
／領巾的材質：絲質雙縐紗

雙圈結

在可愛的立領襯衫上加一點裝飾就更加俏麗活潑。這是以裝飾物般的感覺來打結的。

①從斜折法開始，在中央打玉結（死結）。

②把打結處放在頸部的前方，兩條在頸後交叉穿過前面的打結處。

③調整形狀。

只要是上衣或外套的領子和無領的洋裝均可採用此結。

領巾的尺寸：**78** cm × **78** cm
／領巾的材質：絲質斜紋

適合有領子之洋裝的結法・立領裝

牛仔結

給人輕便又中性化印象的牛仔
結，搭配著立領裝，可使胸前
部分更加優雅大方。

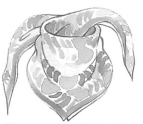

①從三角形折法開始，把三
角形的頂端擺在正前面，拉
到頸後交叉再拉到前面。

②兩條交叉後打結。

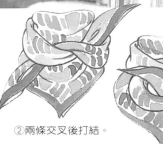

③再交叉後
打結。

④調整形狀。

25

葉片結

如果感覺領口部分稍為單調時，小型的葉片結就非常適合。他不僅不會成為累贅，且很適合於上班的打扮。

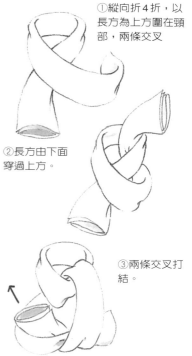

①縱向折4折，以長方為上方圍在頸部，兩條交叉

②長方由下面穿過上方。

③兩條交叉打結。

④調整形狀。

在①中要斟酌頸部粗細和領口大小，來調整縱向折的次數。

領巾的尺寸：**78** cm × **78** cm
／領巾的材質：緞紋提花

橄欖結

給人乾淨俐落印象之橄欖結，最適合於搭配無領上衣，看起來既樸素又很有自信。

①從斜折法開始，在頸斜後方交叉打結。

②再交叉打結。

③調整形狀。

（建議）

使用小領巾才能突顯清爽俐落的感覺。

領巾的尺寸：**53** cm ×　**53** cm
／領巾的材質：絲質雪紡紗

氣球結

運用手邊的小飾物即可作成立體
的裝飾，可使領巾增加不同以往
的風情。

① 從斜折法開
始，圍在頸部然
後穿過小飾物
（戒指等）的環。

②將下方約折
一半的程度再
穿過小飾物的
環。

③調整形狀。

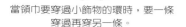

當領巾要穿過小飾物的環時，要一條
穿過再穿另一條。

領巾的尺寸：**88** cm × **88** cm
／領巾的材質：絲質斜紋

長形結

此長形結是運用領巾的長度來
呈現出輕盈和飄逸感。

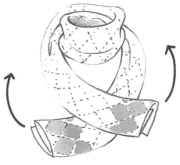

①把領巾的寬度折3折，
輕輕圍在頸部2圈。

背後

②在頸背後交
叉並拉緊。

建議

在①時，必須配合頸部粗細和領巾大
小來調整折疊的次數。

領巾的尺寸：**35** cm × **140** cm
／領巾的材質：絲質雪紡紗提花

花形結 (照片左)

給人清爽又典雅印象之花形結，
因為他並不會太華麗，所以穿便
服也很適合打此結。

① 從斜折法開始，
圍在頸部兩條交
叉，以長方為上
方。

② 長方由下面
穿到上方。

③ 長方繞到
短方的下面
作成圓圈狀
，再穿過其間。

④ 將單蝶部分拉
開成為花形，把
打結處拉緊。

此結是 P34 單蝶結之變化，在①中的
長度差異需調整到適當。

領巾的尺寸： **88** cm × **88** cm
／領巾的材質：絲質斜紋織

硬領形結

結在領口處只是扭轉幾次即可，以遊戲般好玩的隨手結成五彩繽紛的結。

①把領巾的寬度折3折，一方固定住，扭轉另一方。

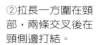

②拉長一方圍在頸部，兩條交叉後在頸側邊打結。

③將左右兩端分別輕輕扭轉，一面纏繞在頸部。

④各繞半圈後，在交接處交叉並打結。

⑤再交叉打結。

⑥調整形狀。

 建議

正方形的領巾也可打此結。

領巾的尺寸：**20 cm × 160 cm**／領巾的材質：絲質雪紡紗

適合無領之洋裝的結法‧圓領、船形領

玫瑰結

綻開於領口處柔美嬌嫩的花朵，展現出女性溫柔的風情，不妨使用雪紡紗雙縐紗的領巾嘗試看看。

①把四角對準中央折起，由末端捲起成為長條狀。

②圍在頸部，拉長一方繞過短方再穿過到環。

③使用橡皮筋固定住，調整形狀。

建議

一面稍為攤開一面束緊就會像玫瑰花的樣子了。

領巾的尺寸：**78** cm × **78** cm
／領巾的材質：雪紡紗雙縐紗

長形丑角領結

乍看之下很像bowtie蝶結領裝般，這是非常有女性風味的打結法，適合於想增加衣服的華麗感時所採用的結。

①把領巾的寬度折半，在末端的30-40 cm處用衣夾固定住，從另一端開始折成約5 cm寬的縐摺。

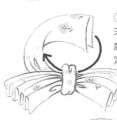

②將夾住衣夾部份輕輕打玉結（死結）。

③圍在頸部後把末端穿過打結處，然後緊緊固定住打結處。

④將打結處和縐摺末端之鬆弛部分隱藏於縐摺中，調整形狀。

建議

在②的打結處要寬鬆些。

領巾的尺寸：**53 cm × 170 cm**
／領巾的材質：絲質雪紡紗

單蝶結

同樣是採用單蝶結,但是因為
衣服的款式和質料不同,所呈
現出的風情也不同,他可表現
出可愛或充滿自信的氣氛。

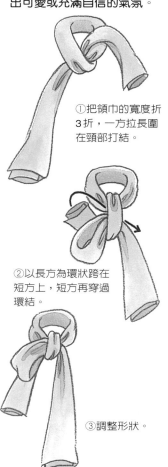

①把領巾的寬度折
3折,一方拉長圍
在頸部打結。

②以長方為環狀跨在
短方上,短方再穿過
環結。

③調整形狀。

建議

使用雪紡紗等柔軟的材質才能表現出
飄逸感。

(照片左)領巾的尺寸: **53** ㎝×**160** ㎝
／領巾的材質:絲質經緯異色平巾
(照片右)領巾的尺寸: **25** ㎝×**130** ㎝
／領巾的材質:絲質雪紡紗

搭配筒形裝（無肩小可愛）的領巾

雙三角形結

穿著筒形裝而感覺胸前太單調時，可
披上大型領巾，只把肩膀露出來，就
可變成既華麗又優雅之裝扮。

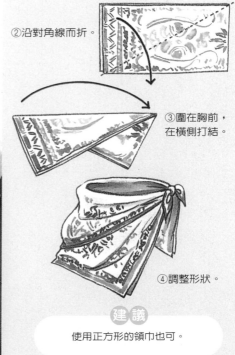

①把領巾的長度折半。

②沿對角線而折。

③圍在胸前，
在橫側打結。

④調整形狀。

建議

使用正方形的領巾也可。

領巾的尺寸：65 cm×100 cm
／領巾的材質：絲質雪紡紗

適合無領之洋裝的結法・V字領

丑角領結

重疊好幾層的縐摺，使頸部
很有份量感，適合裝飾較樸
素之上衣。

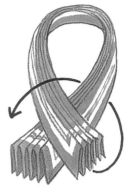

①先折好縐摺再圍在頸部，
兩條在正面交叉打結。

②把兩端的長度拉為等長，再調
整形狀。其變化型是改變兩端的
長度和重疊的方式。

縐摺部份要仔細地折。

領巾的尺寸 **78 cm × 78 cm**
／領巾的材質：絲質斜紋

水手結

把領巾折成大的三角形，可欣賞到領巾的美麗圖案，這是很常使用的結法。

①從三角折法開始，底邊向內稍為折疊。

②圍在肩膀上，兩端在前面交叉打結。

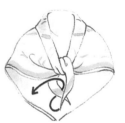

③再次交叉打結。

④調整形狀。

建 議

搭配不同上衣，所呈現出的風情也不相同。

領巾的尺寸：**88 cm** × **88 cm**
／領巾的材質：絲質斜紋提花

適合無領之洋裝的結法・高圓筒領、高領

37

披肩結

大型的領巾可取代披肩來披在肩上，只要在兩端加以打結，就不易滑落。

①從三角折法開始，圍在肩膀上。

②在兩端各打一個玉結（死結）。

③兩端保持平衡。

建議

也可使用披肩。

領巾的尺寸：**108** cm × **108** cm
／領巾的材質：絲質雪紡紗

領帶結的運用型

將領帶結稍加變化即可展現出活潑的氣氛。

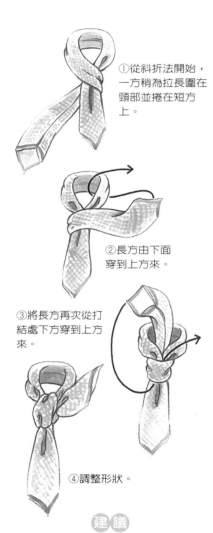

①從斜折法開始，一方稍為拉長圍在頸部並捲在短方上。

②長方由下面穿到上方來。

③將長方再次從打結處下方穿到上方來。

④調整形狀。

建議

在①中的長短比例為 1：1.5，如此可打成優雅大方的結。

領巾的尺寸：**58 cm** × **58 cm**
／領巾的材質：絲和尼龍的混紡

適合無領之洋裝的結法 · 高圓筒領、高領

領巾原本就和牛仔裝非常搭配

不僅是棉質領巾,連絲質領巾都和活潑的牛仔裝非常搭配。只要將領巾的顏色、圖案和材質搭配得宜,牛仔裝會被裝點得更高尚大方。

牛仔結的運用型

只是很單純地打此結,然後隱藏於襯衫內,就會變成很優雅灑脫的氣氛。

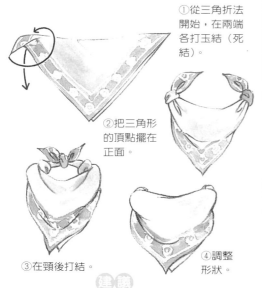

①從三角折法開始,在兩端各打玉結(死結)。

②把三角形的頂點擺在正面。

③在頸後打結。

④調整形狀。

建議

只要是正方形的領巾,大小不拘。

領巾的尺寸:**51** cm × **52** cm
/領巾的材質:棉質

簡單型麻花結

這是印度方巾的傳統結法。選擇和上衣顏色相配之領巾來搭配是能否裝扮更為優美之關鍵。

①從三角折法開始,然後從三角形的頂點開始捲起。

②一方固定然後扭轉。

③圍在頸部,兩端交叉打結。

④再次交叉打結。

⑤調整形狀。

 建議

由於扭轉的次數不同,完成後的粗細也不相同。

領巾的尺寸:**57** × **58** cm
/領巾的材質:棉質

長型橄欖結

只是雪紡紗的領巾搭配牛仔裝，就會變成優雅的外出服。將領巾露出於襯衫外，將更加突顯其美麗。

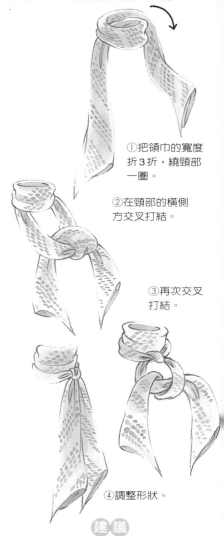

①把領巾的寬度折3折，繞頸部一圈。

②在頸部的橫側方交叉打結。

③再次交叉打結。

④調整形狀。

建議

把正方形的領巾加以斜折就可使用。

領巾的尺寸：**20 cm × 160 cm**
／領巾的材質：絲質雪紡紗

輕便型麻花結

運用領巾打成的輕便型麻花結,具有少女清爽的氣息,適合於上學或逛街之打扮。

①把領巾的寬度折3折,然後交叉於左上方打結。

②右方跨在左方上,穿過頸部的打結處。

③右方跨在左方上再穿過頸部的打結處。

④一直反覆②③的動作,直到剩下一些末端為止。

⑤調整形狀。

建議

在①的步驟中要仔細捲起。

領巾的尺寸:**40** cm × **180** cm
/ 領巾的材質:泰國絲

適合牛仔裝的結法

只是一條領巾就可適用於通勤、上班、下班等不同的活動。

只要改變結法就可適用於各種場合之領巾，是職業婦女最可靠的裝飾物。可運用各種不同的結法來對應通勤、通學、上班、下班等的場合。

通勤

丑角結運用型

這是適合一日之開始而採用較為活潑的結法，讓人朝氣蓬勃、神采奕奕地出門。此一丑角結運用型除了給人活潑的印象之外，還是兼具知性和優美形象之結法。

①從百摺折法開始，圍在頸部，拉長一方為上方，兩條交叉。

②長方做成圓圈狀，由短方下面穿過。

③兩端重疊，調整形狀。

上班

在辦公室內為了避免妨礙到桌上作業，必須把領巾的結法縮小一些，因此採用在活動中不易變形之蝴蝶結較為合適。

領巾的尺寸：**88 cm × 88 cm** ／ 領巾的材質：絲質斜紋提花

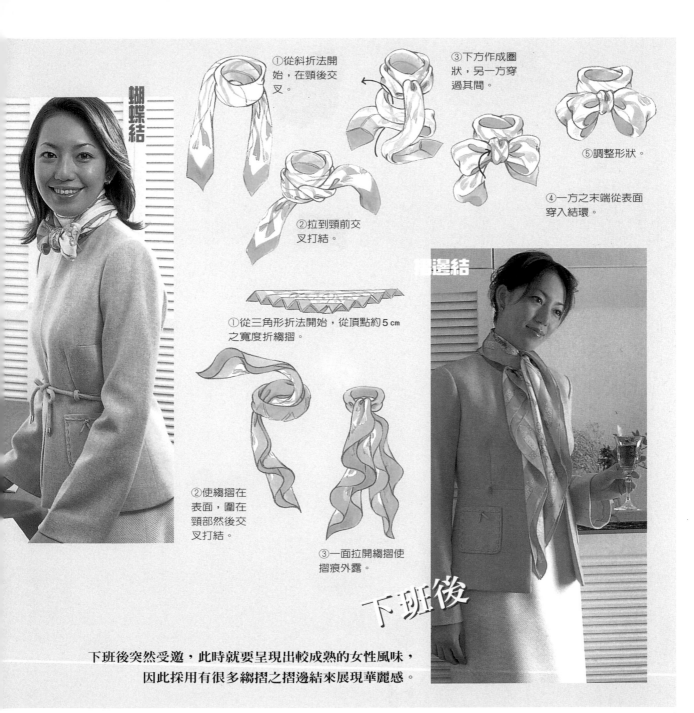

蝴蝶結

①從斜折法開始，在頸後交叉。

②拉到頸前交叉打結。

③下方作成圈狀，另一方穿過其間。

④一方之末端從表面穿入結環。

⑤調整形狀。

捲邊結

①從三角形折法開始，從頂點約5㎝之寬度折縐摺。

②使縐摺在表面，圍在頸部然後交叉打結。

③一面拉開縐摺使摺痕外露。

下班後

下班後突然受邀，此時就要呈現出較成熟的女性風味，因此採用有很多縐摺之摺邊結來展現華麗感。

領巾的應用變化篇

領巾除了圍在領口裝飾之外，還可當作內衣（內襯型）、髮飾等多用途，這即是領巾最大魅力之處。下面介紹馬上即可運用之應用變化法。

罩在帽子上

平凡無其的草帽，只要罩上領巾，即變成優雅高尚的帽子……。

①從三角折法開始，將三角形的底邊罩在帽子之前，頂點朝後。

②把兩端交叉打結。

③再次交叉打結。

④調整形狀。

建議

要保持洋裝和領巾的顏色、圖案之平衡為重。

領巾的尺寸：**88** cm ×　**88** cm
／領巾的材質：緞紋雪紡紗

46

頭巾

領巾的尺寸：**40 cm** × **170 cm**
／領巾的材質：絲質提花

將長型之領巾以海盜風味般的圍起並遮住額頭，後面垂下一截領巾顯得十分飄逸又可愛。

①把會遮住額頭部分之領巾稍為向內折，然後綁在頭上。

②根部合起然後扭轉。

③把扭轉部分作成圓圈狀，兩端穿過其間。

④調整形狀。

建議
由於扭轉力道之大小，圈狀之大小也會跟著改變。

領巾的尺寸：**78 cm** × **78 cm** ／領巾的材質：雪紡紗

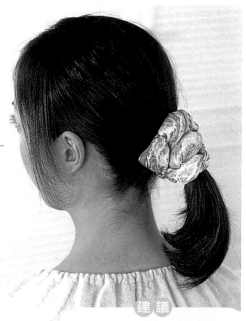

Chou-Chou 形髮飾

若只以蝴蝶結來綁頭髮會太單調，因此才採用很有份量感之 Chou-Chou 形的髮飾來增加美感。

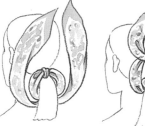

①從斜折法開始，兩條交叉打結，並使打結處剛好在頭髮上。

②兩端在頭髮下面交叉。

③再次使兩條交叉打結，並使打結處在頭髮上。

④持續反覆做②③步驟1-2回。

建議

注意打結時不可太緊，而要使其有蓬鬆感。

應用變化篇

47

内衣（内襯型）

只是使用一條領巾即可簡單地作出內襯型的內衣。可使用大膽的顏色和圖案來強調個性美。

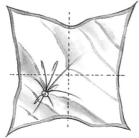

①把領巾的表面朝上攤開，在 1/4 的中心處打玉結（死結）。

②把領巾套在身上，上面的兩端在頸後打結。

③捏起下擺處約 10 cm，一面折起一面在腰後部打結。

④調整前面之縐折。

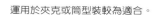

運用於夾克或筒型裝較為適合。

領巾的尺寸：**88** cm × **88** cm ／領巾的材質：絲質雙縐紗

48

腰飾帶型

將領巾綁在腰部成為腰飾帶。注意要使領巾的顏色、寬度等和衣服保持平衡。

①把領巾綁在腰部，在腰側邊交叉打結。

②再次交叉打結。

③調整形狀。

建議

將正方形的領巾斜折，即可使用此結法。

領巾的尺寸：**17** cm × **140** cm
／領巾的材質：絲質斜紋

裝飾手帕 (pocket chief)──胸部的小飾物

在正式西裝外套的口袋中插入小手帕,即可產生和平日不同之氣氛出來。依靠不同的折法、顏色、材質、圖案等可表現出「自己的風格」。不僅是小手帕,還可運用小領巾和大型手帕。

搭配黑色和藍色的西裝外套

在基本的深色上衣上,可大膽地運用條紋或有圖案之手帕來試試看,如此可在中性化的氣氛下增添柔和感而搖身一變成為女性化之裝扮。

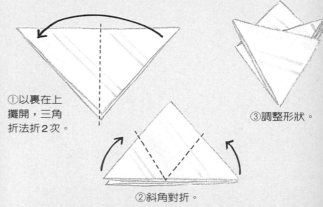

①以裏在上攤開,三角折法折2次。

②斜角對折。

③調整形狀。

餐巾式

①以裏在上攤開,稍為斜向對折。

②中央處打玉結(死結)。

花式

搭配淡色系之西裝外套

使用淡色系的手帕並配合口袋之大小來摺疊，還須注意要和裡面衣服的顏色保持平衡才行。

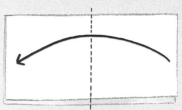

①以裏在上攤開對折，再次對折。

②攤開上面的一片，折成三角形。

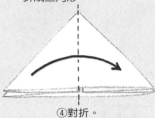

三角式

③背面的一片也相同的折法。

④對折。

⑤壓住頂點，將四片三角形依序張開排列並整形。

①以裏在上攤開對折，再次對折。

②配合口袋之大小而調整摺疊之次數。

四角式

領

巾

結

法

的

型

錄

將本書中所介紹之領巾結法，依照所使用領巾之尺寸、材質在此作成一覽表，至於詳細結法請參照各頁。

搭配有領衣服之結法

花式百摺法（P15）
領巾的尺寸：88 cm × 88 cm
領巾的材質：絲質

時髦的蝴蝶結（P17）
領巾的尺寸：88 cm × 88 cm
領巾的材質：絲質斜紋

領帶結（P20）
領巾的尺寸：88 cm × 88 cm
領巾的材質：絲緞條紋提花

圈結法（P15）
領巾的尺寸：78 cm × 78 cm
領巾的材質：絲質

雙蟬形闊領結（P18）
領巾的尺寸：40 cm × 140 cm
領巾的材質：絲質斜紋

蝴蝶結（P21）
領巾的尺寸：88 cm × 88 cm
領巾的材質：絲質縫式提花

麻花闊領結（twist choker）（P16）
領巾的尺寸：88 cm × 88 cm
領巾的材質：絲質雙縐紗

花束結（P19）
領巾的尺寸：50 cm × 160 cm
領巾的材質：絲緞條紋

三角折法（P22）
領巾的尺寸：53 cm × 53 cm
領巾的材質：絲質斜紋

搭配無領衣服之結法

雙蟬形闊領結（P23）
領巾的尺寸：66 cm × 66 cm
領巾的材質：絲質雙縐紗

葉片結（P26）
領巾的尺寸：78 cm × 78 cm
領巾的材質：緞紋提花

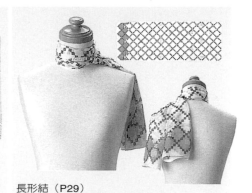

長形結（P29）
領巾的尺寸：35 cm × 140 cm
領巾的材質：絲質雪紡紗提花

雙圈結（P24）
領巾的尺寸：78 cm × 78 cm
領巾的材質：絲質斜紋

橄欖結（P27）
領巾的尺寸：53 cm × 53 cm
領巾的材質：絲質雪紡紗

花形結（P30）
領巾的尺寸：88 cm × 88 cm
領巾的材質：絲質斜紋

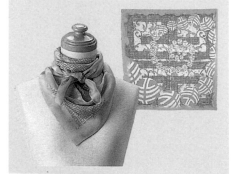

牛仔結（P25）
領巾的尺寸：78 cm × 78 cm
領巾的材質：絲質雙縐紗

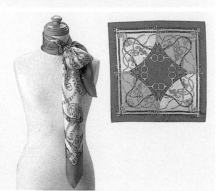

氣球結（P28）
領巾的尺寸：88 cm × 88 cm
領巾的材質：絲質斜紋

硬領形結（P31）
領巾的尺寸：20 cm × 160 cm
領巾的材質：絲質雪紡紗

將本書中所介紹之領巾結法，依照所使用領巾之尺寸、材質在此作成一覽表，至於詳細結法請參照各頁。

玫瑰結（P32）
領巾的尺寸：78 cm × 78 cm
領巾的材質：雪紡紗雙縐紗

單蝶結（P34）
領巾的尺寸：25 cm × 130 cm
領巾的材質：絲質雪紡紗

水手結（P37）
領巾的尺寸：88 cm × 88 cm
領巾的材質：絲質斜紋提花

長形丑角領結（P33）
領巾的尺寸：53 cm × 170 cm
領巾的材質：絲質雪紡紗

雙三角形（P35）
領巾的尺寸：65 cm × 180 cm
領巾的材質：絲質雪紡紗

披肩結（P38）
領巾的尺寸：108 cm × 108 cm
領巾的材質：絲質雪紡紗

單蝶結（P34）
領巾的尺寸：53 cm × 160 cm
領巾的材質：絲質經緯異色平布

丑角領結（P36）
領巾的尺寸：78 cm × 78 cm
領巾的材質：絲質斜紋

領帶結的運用型（P39）
領巾的尺寸：58 cm × 58 cm
領巾的材質：絲和尼龍的混紡

適合牛仔裝之結法

牛仔結的運用型（P40）
領巾的尺寸：51 cm × 52 cm
領巾的材質：棉質

長型橄欖結（P42）
領巾的尺寸：20 cm × 160 cm
領巾的材質：絲質雪紡紗

只要一條領巾即可變化多端

丑角結運用型（P44）

簡單型麻花結（P41）
領巾的尺寸：57 × 58 cm
領巾的材質：棉質

輕便型麻花結（P43）
領巾的尺寸：40 cm × 180 cm
領巾的材質：泰國絲

蝴蝶結（P45）

應用變化篇

內衣（內襯型）（P48）
領巾的尺寸：88 cm × 88 cm
領巾的材質：絲質雙皺紗

腰飾帶型（P49）
領巾的尺寸：17 cm × 140 cm
領巾的材質：絲質斜紋

摺邊結（P45）

領巾的尺寸：88 cm × 88 cm
領巾的材質：絲質斜紋提花

不怕北風之吹襲！
既溫暖又實用之圍
巾・長披肩的結法

使用圍巾或長披肩把頸部暖和地團團圍起
來，就不怕寒風刺骨之侵襲了。最近在圍
巾的顏色、圖案、材質上種類繁多，還加
上刺繡的款式令人目不暇給。你不妨配合
當日氣氛、情緒和外套，對圍巾的結法多
下一些功夫吧！

高圓套領型圍法（照片左）

在頸部圍成既溫暖又很有份量感之高圓套領型圍法，
可搭配任何外套。

②在頸側方
交叉打結。

①把圍巾的寬
度折4折，輕
輕圍在頸部。

③將兩端分開
為一前一後，
調整形狀。

建議

只要是長型圍巾均可運用。

圍巾的尺寸：**40** cm × **180** cm
／圍巾的材質：開司米 **(cashmere)**

麻花型圍法（照片右）

既俐落又不妨礙行動之麻花型圍法，最適合於
休閒服之裝扮，同時也是最好的裝飾。

①把圍巾的寬
度對折，交叉
打結。

②把左右兩條分別輕輕扭轉，
同時纏繞在頸部的圓圈上。

③捲完後即調
整形狀。

建議

對休閒服而言，還具有邊飾之效果，
將更加美麗。

圍巾的尺寸：**20** cm × **158** cm
／圍巾的材質：開司米 **(cashmere)**

圍巾和長披肩的結法

單蝶結圍法

領巾也有使用此法，但運用圍巾時所製造出的流線型之氣氛是不同於領巾的。

①把圍巾的寬度折3折，兩條交叉打結，使上方較短。此時的比例為1：2。

②以長方作成圈狀，跨在短方上並穿過圓圈。

③把打結部份拉緊，調整形狀。

稍為薄之毛料比較容易打得可愛些。

圍巾的尺寸：**45** cm × **190** om
／圍巾的材質：毛料

法式線結圍法

既俐落又輕便之法式線結圍法，最適合搭配針織衫、羽毛衣，可展現出活潑之動感。

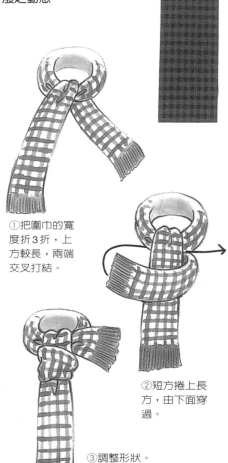

①把圍巾的寬度折3折，上方較長，兩端交叉打結。

②短方捲上長方，由下面穿過。

③調整形狀。

圍巾和長披肩的結法

建議

最適合有份量感之外套。

圍巾的尺寸：**20 cm × 158 cm**
／圍巾的材質：毛料

59

單環形圍法

傳統的單環形圍法既高雅又有休閒味，任何一種圍巾的材質均可使用，它是非常實用的圍法。

①把圍巾的寬度對折，長度不一再對折，然後圍在頸部。

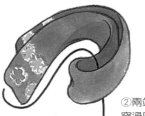

②兩端同時穿過圓圈。

③調整形狀。

建議

因為長短不一才顯得可愛。

圍巾的尺寸：**22 cm** × **160 cm**
／圍巾的材質：毛料

60

扭轉結圍法

會更大膽地突顯圍巾存在感之扭轉結圍法，請在平日積極地採用此法。

①把圍巾的寬度折半，一方長一方短的圍在頸部，此時的比例為2：1，長方繞過短方的下面。

②再由上方穿過。

③調整形狀。

建議

若使用有長度的針織織法之圍巾，將更突顯女性柔媚之風情。

圍巾的尺寸：**22** cm × **200** cm
／圍巾的材質：毛料

無袖斗篷型圍法

披在肩膀上用橡皮筋固定住，即可變成如此可愛的無袖斗篷，還充滿優美高雅之情調。

①配合肩膀之寬度而披在肩膀上，再用橡皮筋固定住。

②把固定部分加以整形。

以有刺繡或有圖案者為佳。

長披肩的尺寸（包括流蘇）：**70 cm × 180 cm** ／長披肩的材質：超薄型毛料

高雅型縐摺圍法

加上優美刺繡之長披肩,不但不會太過華麗,而且非常典雅大方,同時縐摺更突顯女性嬌柔之風味。

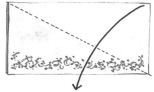

①將長披肩先對折,再依對角線折起。

②一面形成膨鬆的縐摺,一面披在肩膀上。

③以包圍起之狀將一端披在肩膀上。

④調整形狀。

建議

為突顯瀟灑飄逸感,使用愈薄的毛料愈好。

長披肩的尺寸:**140** cm × **140** cm
/ 長披肩的材質:毛料

圍巾和長披肩的結法

63

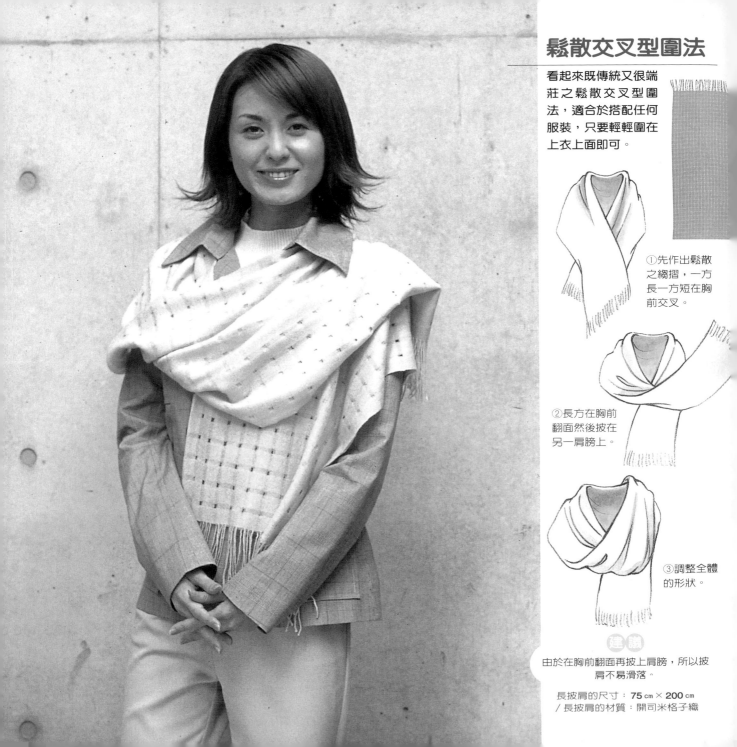

鬆散交叉型圍法

看起來既傳統又很端莊之鬆散交叉型圍法，適合於搭配任何服裝，只要輕輕圍在上衣上面即可。

①先作出鬆散之縐摺，一方長一方短在胸前交叉。

②長方在胸前翻面然後披在另一肩膀上。

③調整全體的形狀。

建議

由於在胸前翻面再披上肩膀，所以披肩不易滑落。

長披肩的尺寸：**75** cm × **200** cm
／長披肩的材質：開司米格子織

環結型圍法

優雅地包圍住身體之環結型圍法，使打結處成為裝飾重點，由於此結不易滑落，所以一定要學會才很方便。

①從三角形折法開始，一端打玉結（死結）。

②將一方的尖端折起，插入環結處。

③調整形狀。

建議

可搭配較樸素之服裝，而成為裝飾重點。

長披肩的尺寸：**140** cm × **140** cm

／長披肩的材質：毛料

圍巾和長披肩的結法

浪漫型圍法

將容易滑落之長披
肩加以翻面折起，
此為不易滑落的簡
單技巧，既優雅又
很有實用性。

①把長披肩的寬度折
半，披在肩膀上。

②一面作成鬆散之
縐摺，一面在胸前
翻面披在肩膀上。

③另一端也披
在肩膀上。

④調整形狀。

建議

如果把袴的縐摺作得很有技巧的話，
將更為服貼好看。

長披肩的尺寸（包括流蘇）：**70** cm×**205** cm
／長披肩的材質：開司米

樸素型圍法

很自然地披掛在肩膀上，長披肩的兩端十分可愛之樸素型圍法，搭配任何一種洋裝均合宜。

①在胸前交叉打結。

②將兩端攤開披掛在肩膀上，調整形狀。

打結處可移到側邊。

長披肩的尺寸：**75 cm × 200 cm**
／長披肩的材質：聚酯嫘縈

選擇適合你的個性之領巾

哪一種顏色適合於你？

在搭配領巾的技巧中，其先決條件是選擇適合自己的顏色。

把適合自己的顏色拿到臉孔旁可襯托臉孔，可使你的臉孔更美更有魅力。

由於每一個人的膚色和髮色不同，所適合的顏色也不相同。

請找出最適合自己的顏色來好好搭配。

診斷方式是先卸妝，將白色衣服或白色布料圍在上半身，走到自然光射入之明亮場合。

Q1 你的膚色為何？
a 稍偏黃色的膚色或很黃又沒有光澤的膚色
b 稍偏紅色的膚色或蒼白的膚色

Q2 你的髮色為何？
c 很柔細的黑色或明亮的茶色
d 深黑色或深茶色

黃色 ⟵ ⓐ ───── ⓑ ⟶ 粉紅色

柔軟 ⟵ ⓒ ───── ⓓ ⟶ 深黑

診斷結果

適合 **a+c** 之顏色為明亮清澈不渾濁的顏色 **A**群	適合 **a+d** 之顏色為暖色和深色典雅的顏色 **B**群	適合 **b+c** 之顏色為淡色系和灰色系的顏色 **C**群	適合 **b+d** 之顏色為鮮豔又高彩度的顏色 **D**群

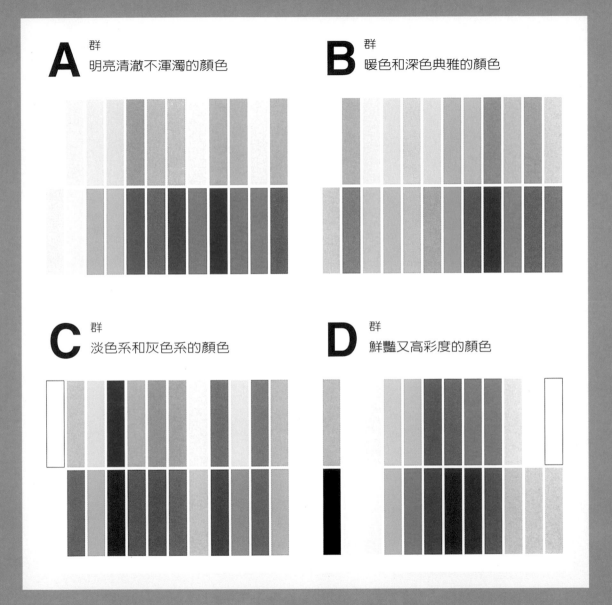

A 群
明亮清澈不渾濁的顏色

B 群
暖色和深色典雅的顏色

C 群
淡色系和灰色系的顏色

D 群
鮮豔又高彩度的顏色

高大體型

使高大體型的你呈現出更有知性

高大體型的你以搭配你的體型之大膽結法最適合。

領巾要選擇圖案較大的原色為宜。

一面享受活潑色彩和衣服顏色之對比，

一面搭配領巾。

大型領巾和長披肩均很適合高大體型的你，

不妨試試看！

採用原色圖案之領巾

大膽使用原色圖案之領巾
（參照 P48）

70

有圖案之領巾

大型長披肩

把結打得大一些會更瀟灑大方
（參照P15）

大型長披肩等也很適合
（參照P62）

嬌小體型

使嬌小體型的你更顯得可愛

嬌小體型的你最適合的結法是在頸部打出
細緻小巧的結。

在小領巾上有小圓點或小花紋等的小圖案
更加突顯可愛。淡色系的領巾和淡色系
的衣服既容易搭配又適合嬌小體型的
你。

若想大膽使用領巾，請盡量在上
半身搭配即可。

小圓點和小花圖案的小領巾

在頸部打一個小巧的結
（參照 P44）

淡色系柔軟材質的領巾

淡色系的領巾和洋裝
（參照P25）

大膽使用領巾在上半身搭配
（參照P35）

使臉看起來更小

使臉看起來更小

如果介意臉太大的話，在領口部分要減少份量感，安排縱長型之線條的結法來打領巾。

若在領口部份使用攤開式之結法，更會強調臉大，所以要盡量避免。

至於打結處在領口部分之結法，要將頸部正面的結稍為移到側邊或下方，使領口部份較清爽才是。

有圖案之長條型領巾

採用縱長型線條之結法（參照 P34）

淡色系柔軟材
質的領巾

柔軟材質的領巾

正面之打結處要移到側邊

頸部的領巾不可打太緊

正確保養領巾的方法

絲質和毛料是非常細緻的材質，如果污穢處不經處理，其後會是造成污斑和虫蛀之原因。
以使用**10**次左右之程度為準，必須送洗為宜。
但最近在市面上出現各種家庭洗劑，可輕鬆又方便地在家中清洗。
在此介紹既正確又不會失敗的領巾保養法。

去除污斑之方法

如果污斑能趁早且正確處理得宜時，必然能乾淨地清除掉，不可輕言放棄。
但若很難洗淨之污斑或容易褪色的領巾，仍請送洗為宜。只是在送洗時，必須告知店員你所擔心之污斑在何處。

【去除污斑之重點】

①先檢查污斑的種類是水溶性或油性

水溶性污斑

血液　　果汁　　醬油　　咖啡

茶、果汁、醋類、水性墨水等

油性污斑

口紅　　粉底　　油

咖哩、番茄醬、鮮奶油、蠟筆等

＊如果因為時間太久無法判斷污斑為哪一種類時，可在污斑部分滴一滴水即可了解。
　如果水能滲入布料，即為水溶性污斑，若無法滲入就是油性污斑。此外還有一個方法，把領
　巾透著光看，污斑的周圍輪廓明確者為水溶性，若沒有輪廓而污斑呈透明狀即為油性污斑。

②去除污斑所使用之毛巾或布塊，必須是白色且清潔的。

③如果想使用揉洗或磨擦來去除污斑的話，反而會使污斑更擴大
　範圍，或傷害到領巾的材質需注意。

④自己動手製作去污棒非常方便

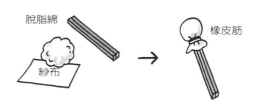

脫脂綿　　橡皮筋

紗布

在兔洗筷尖端捲上圓形脫脂綿，再以紗布包起，用橡皮筋或線固
定住即可。如果污斑很小時，使用市售的棉花棒就可。

正確保養領巾的方法

【水溶性污斑之去除法】

●外出時緊急處置法：

面紙　　　　濕巾

馬上用面紙等壓著吸取污液，然後用濕巾輕拍。

●回家後

污斑
水
毛巾

①把污斑朝下擺在毛巾等的上面，使用沾水的去污棒或布塊從背面輕輕敲一敲，把污液轉移到毛巾上。

③最後再使用沾水之去污棒或布塊輕敲即可。

毛巾

用水稀釋過之中性洗劑

污斑
毛巾

②如果用水無法去除污斑時，把去污棒或布塊沾用水稀釋過之中性洗劑，然後和前面的方法相同，使污液轉移到毛巾上，要特別注意污斑之輪廓部分不易去除，而容易殘留污漬，所以要反覆多加處理。

水

【油性污斑之去除法】

●外出時緊急處置法

面紙　　　　乾布

只使用面紙和乾布將污斑壓一壓，吸取污液即可。如果加以摩擦的話，污液會滲入纖維中將更不易去除，應避免。

●回家後

污斑
毛巾

汽油

處理方法和水溶性的污斑去除法相同，只是在油性污斑使用的去污棒和布塊，最初不是沾水而是沾汽油，其後的方法和處理水溶性污斑相同。

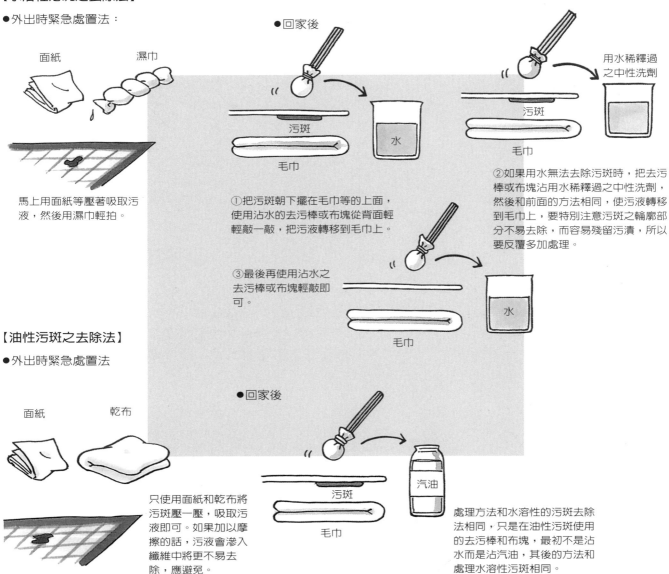

正確保養領巾的方法

洗濯法（絲質）

●首先檢查是否會褪色

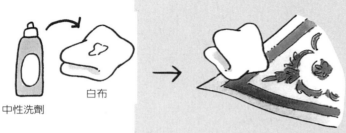

中性洗劑　　　白布

①使用沾了中性洗劑的原液之白布，輕敲領巾不太重要之部位，如果白布沒有染色，即表示不會褪色。但若會褪色時，請送洗為宜。

●輕搖揉洗法

中性洗劑

冷水或溫水

②在冷水或30℃以下的溫水中倒入中性洗劑，作成洗濯水，將領巾泡入其中輕搖揉洗。換水沖洗時，清洗要領和洗濯時相同，洗2回即可。

●利用柔軟精和洗濯漿的搭配可洗出你所喜歡的軟度

柔軟精　　　　　　　　洗濯漿

冷水或溫水

③在乾淨的30℃以下的水中，倒入柔軟精和洗濯漿充分溶解後，將領巾浸泡入其中，在此時，若喜歡膨鬆些則放少一些洗濯漿，如果喜歡硬挺些，就把柔軟精少放些。

●使用毛巾來吸乾水分

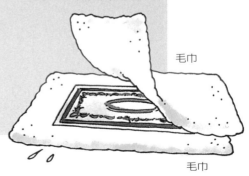

毛巾

毛巾

④當領巾充分浸漬後，取出領巾夾在兩條乾毛巾之間吸乾水分即可。

正確保養領巾的方法

熨斗的燙法（絲質）

絲質品在曬乾後會產生許多細小的皺紋，很難去除，因此要在半乾之際使用熨斗燙平為宜。

●從背側先燙

●邊緣部份要輕輕壓住

輕輕拉平皺紋後，在半乾的狀態之下（全乾時則使用噴霧器噴濕），從背側以中溫又乾的熨斗燙平。其燙法是先從領巾的中心向邊緣橫側方向移動為重點，此時要稍為抬高熨斗避免壓扁邊飾為宜。

最後輕壓邊緣部份然後燙平，即使已經用熨斗燙過，但邊緣部份仍未全乾時，再將領巾翻面掛起來陰乾。

爲了使領巾能延長其使用年限

- ●如果過度洗濯領巾會傷害其材質要注意。基本上以乾洗為原則，但平日常用之領巾可以自己清洗（參照P78）。
- ●為了避免傷害領巾的材質，要經常改變領巾的折法和打結方法。
- ●若有折紋時要馬上燙平（參照P79）。
- ●一但有污斑要儘快處理為宜（參照P76、77）。
- ●使用後，要陰乾一下去除濕氣。
- ●絲質品在直射陽光下會變黃或變色，因此要收納在濕氣少且不會照到日光處。

正確保養領巾的方法

領巾的收納

領巾可折疊好後收納於抽屜中，可是容易產生折痕為其缺點。

因此在此介紹把領巾掛在衣架等之方法，此一收納法既不佔空間又不會產生折痕，還可掛在衣服附近，非常方便搭配衣服。

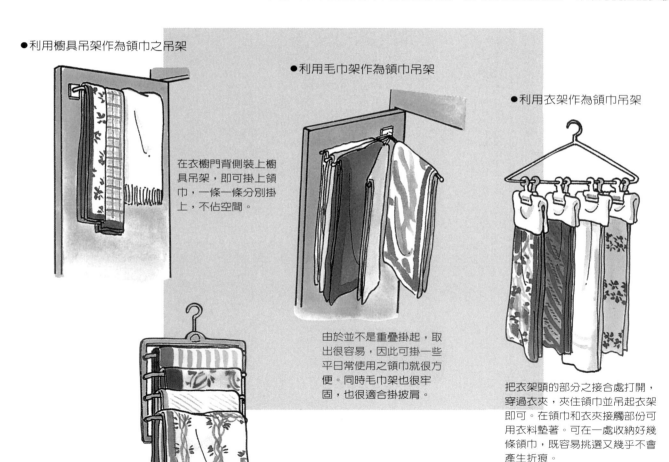

● 利用櫥具吊架作為領巾之吊架

● 利用毛巾架作為領巾吊架

● 利用衣架作為領巾吊架

在衣櫥門背側裝上櫥具吊架，即可掛上領巾，一條一條分別掛上，不佔空間。

由於並不是重疊掛起，取出很容易，因此可掛一些平日常使用之領巾就很方便。同時毛巾架也很牢固，也很適合掛披肩。

把衣架頭的部分之接合處打開，穿過衣夾，夾住領巾並吊起衣架即可。在領巾和衣夾接觸部份可用衣料墊著。可在一處收納好幾條領巾，既容易挑選又幾乎不會產生折痕。

● 利用長褲衣架作為領巾吊架

將領巾配合長褲衣架之寬度折好而掛起，吊在衣服附近，搭配衣服就很方便。

正確保養圍巾•長披巾的方法

洗濯法

●把圍巾和長披巾放入洗衣網內

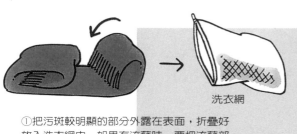

洗衣網

①把污斑較明顯的部分外露在表面,折疊好放入洗衣網內,如果有流蘇時,要把流蘇部份折向內側。

●放入洗衣機脫水15秒

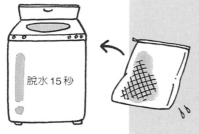

脫水15秒

③以裝入洗衣網的狀態,放入洗衣機脫水15秒。

●輕壓著洗或浸泡一會

中性洗劑

冷水或溫水

②在30℃以下的溫水中倒入中性洗劑作成洗濯液,然後將圍巾或長披肩放入,輕壓著洗。有些洗劑只需浸泡一會即可洗淨(此時的浸泡時間為15分鐘。請先參照洗劑上之說明)

●沖洗以2回為限

④沖洗換水時,和洗濯時相同的輕壓著洗,此時反覆沖洗2回為限。如果沖洗時間過長,這就是傷害到圍巾和長披肩材質的原因,要特別注意。

●最後倒入柔軟精,再脫水一次

柔軟精

浸泡2-3分鐘

脫水15秒

⑤沖洗後,最後泡入柔軟精中浸泡2-3分鐘,再放入洗衣機脫水15秒左右即可。

正確保養圍巾•長披巾的方法

●從洗衣網中取出，整形然後陰乾。

⑥從洗衣網中取出，整形然後陰乾。陰乾時要攤開或稍為折疊掛在竹竿或衣架上。若在通風良好處掛成 M 字形，很快風乾。

熨斗的燙法

●上面墊一塊布，使用蒸氣熨斗

●流蘇的部分使用衣服軟刷來整形

墊布

在圍巾或長披肩上墊一塊布，使用蒸氣熨斗，以輕輕壓住之感覺來燙為重點。

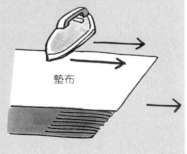

墊布

流蘇的部分要一條一條弄整齊，從根部朝向尖端燙平，然後使用衣服軟刷輕柔地刷過一遍，會更為服貼美觀。

國家圖書館出版品預行編目資料

領巾. 長披肩. 圍巾：可凸顯「自己個性」的圍
法. 結法 / 高田惠美著. -- 初版. -- 臺北市
：鴻儒堂，民92
　　面；　　公分

ISBN　957-8357-50-8（平裝）

1. 衣飾　2. 巾

423.4　　　　　　　　　　　　92003243

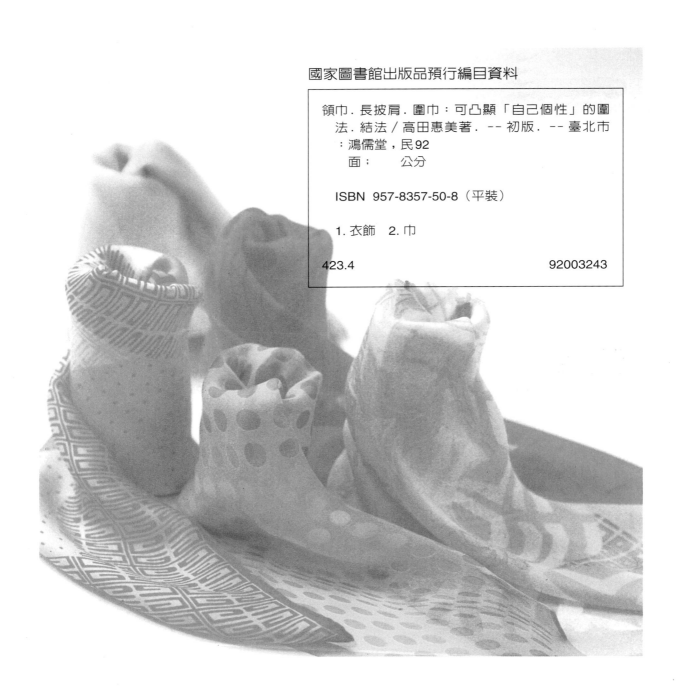

作者：高田惠美

簡歷：造型師。曾服務於 Apparel 公司，在擔任過造型助理後，獨立門戶自創工作室。現以服裝為重心，並廣泛地在裝潢和雜貨關係的造型部分之雜誌、書籍等活躍其中。

編集協力／小川志津子‧清水香
內文設計／（株）エステム（谷合稔）
插圖／寺田恭子
髮型設計／高鄉安子
攝影／平塚修二
模特兒／坂井正子‧白畑知香‧西村有加‧牧野里砂
協助攝影／

エドウィン　TEL03-5604-8907
　〈FIORUCCI〉〈SOMETHING〉
（株）ニッキ　TEL03-3851-9347
　〈FIORUCCI〉
東洋産業　TEL03-3440-1311
　〈FIORUCCI〉
（株）丸和　TEL045-251-6762
　〈SOMETHING〉
畑中眼鏡（株）　TEL0778-51-1430
　〈SOMETHING〉
crossing　TEL03-3404-7572
MAISON DE FAMILLE　青山本店　TEL03-5468-0118
　〒107-0062　東京都港区南青山6-7-3
MODAPOLITICA　TEL03-3499-1103
　〒107-0062　東京都港区南青山6-6-21
P's decoration　TEL03-3498-8210

領巾‧長披肩‧圍巾

―― 可凸顯「自己個性」的圍法‧結法 ―― 定價：250元

結 法 指 導：高田惠美
發 行 人：黃成業
發 行 所：鴻儒堂出版社
地　　　址：台北市中正區100開封街一段19號二樓
電　　　話：23113810‧23113823
電話傳真機：23612334
郵 政 劃 撥：01553001
E－mail：hjt903@ms25.hinet.net
2003年（民92年）4月初版一刷
本出版社經行政院新聞局核准登記
登記證字號：局版臺業字1292號
※版權所有‧翻印必究※
法律顧問：蕭雄淋律師

本書凡有缺頁、倒裝者，請逕向本社調換